谁能吃100个汉堡包

两位数和三位数

贺 洁 薛 晨 ◎著　柳运男◎绘

数学的萌芽

北京科学技术出版社

这是勇气鼠的故事。

勇气鼠的爷爷是世界上最有勇气的老鼠。勇气鼠的爸爸也是远近闻名的有勇气的老鼠。勇气鼠呢，虽然年纪还小，但是也勇于接受挑战。

　　勇气鼠家旁边有一家餐厅。今天，餐厅要举行一场"免费吃汉堡包"活动，谁吃掉汉堡包最多谁就可以在一年内随时来餐厅免费吃汉堡包！

　　"1、2、3、4、5、6、7……"美丽鼠认真地数着桌上的汉堡包。

　　"……10、11、12、13、14、15……"学霸鼠现在已经能数10以上的数了。

10

10个一组，共10组。

借助第24页的"1～100"数一数！

100

汉堡包实在太多了！

懒惰鼠懒得一个一个地数，他把汉堡包10个一组、10个一组地放在一起数。

大多数客人是来看热闹的，真正参加的只有3支队伍。

经活动主办方及参加活动的选手共同讨论决定，苍蝇三兄弟算作一支队伍。

他们分别是：生气猫队、苍蝇三兄弟队和勇气鼠队。

　　每支队伍的面前都摆着一个计数器，用来统计吃掉的汉堡包数量。

不一会儿，3 个计数器的个位上都有 9 颗珠子了，表示每支队伍都吃了 9 个汉堡包。就在大家要吃第 10 个汉堡包时，苍蝇三兄弟不高兴了。

原来，苍蝇三兄弟率先吃完了第 10 个汉堡包。于是，长颈鹿经理把计数器个位上的 9 颗珠子拨回背面，把十位上的 1 颗珠子拨到了正面。这可惹恼了苍蝇三兄弟，他们不明白为什么自己队的计数器上只剩下了 1 颗珠子。

　　长颈鹿经理在一旁解释道："虽然只有 1 颗珠子，但是它在计数器的十位上，代表 1 个十。你们现在的成绩是吃了 10 个汉堡包。"但苍蝇三兄弟听不懂，不停地冲长颈鹿经理嚷嚷："嗡嗡嗡，嗡嗡嗡……"

　　最后，长颈鹿经理只好让青蛙保安队长把苍蝇三兄弟
请出了餐厅。

　　比赛继续！生气猫吃完第 29 个汉堡包后，停下来看了看勇气鼠。

　　"勇气鼠总共才有 4 颗珠子，而我有 11 颗珠子，一定是我赢了。"这么想着，生气猫松懈下来。其实计数器上的珠子数表示他吃了 29 个汉堡包，勇气鼠吃了 31 个汉堡包。

　　一旁的倒霉鼠和学霸鼠正在讨论：如何比较 29 和 31 这两个数的大小？

29 < 31   31 > 29
⋮   ⋮
小于号   大于号

"可以分别将它们和中间的数30做比较。"学霸鼠说。

"对！用计数器表示数时，虽然29用的珠子多，但它十位上的珠子比30的少，所以29比30小；虽然31十位上的珠子数量和30的相同，但31个位上的珠子比30的多，所以31比30大，当然也比29大。"倒霉鼠说。

两位数，比大小，
分清数位难不倒；

十位不同，看十位，
十位大，数就大；

十位相同，看个位，
个位大，数就大。

学霸鼠接着补充："其实方法很简单。比较两位数的大小，有一个非常好记的口诀。"

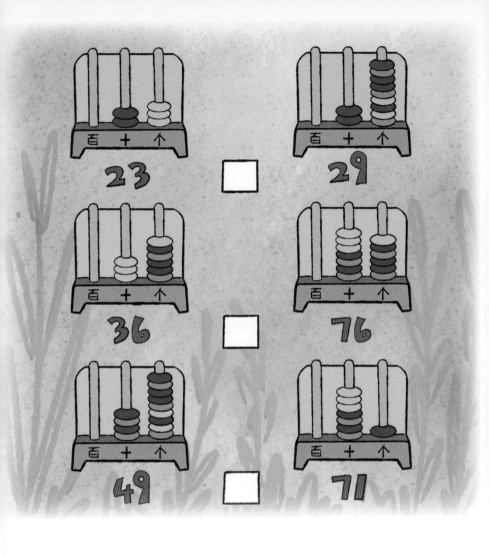

试着比一比，上面 3 组数中，哪个数大，哪个数小？

生气猫吃完摸着圆鼓鼓的肚子睡着了。而勇气鼠还饿呢，又吃了 5 个汉堡包。

你一定猜到结果了！

当长颈鹿经理颁发奖杯时，勇气鼠骄傲地接了过来。

生气猫被气得"喵喵喵"地叫个不停，他可是失去了免费吃一年汉堡包的机会呀。

这时，倒霉鼠伸了个大大的懒腰说："要是我，就索性吃 100 个汉堡包，勇气鼠就算能吃 99 个，我也比他吃得多。三位数永远比两位数大！"

"倒霉鼠，你能吃 100 个汉堡包？那太好了，试一试吧？"

　　没想到，倒霉鼠的话被长颈鹿经理听到了。倒霉鼠哪儿敢挑战啊，他刚才只是在吹牛呀！

生活中，勇气鼠还知道一些"很大很大的数"——妈妈过生日时，爸爸送给她999朵爆米花；勇气鼠新看上的那双溜冰鞋标价1000元；"免费吃汉堡包"活动后，餐厅生意兴隆，每个月都能卖出15000多个汉堡包！

你在生活中见过更大的数吗？你会比较它们之间的大小吗？不妨拿出计数器，来试试吧！

数数

1 ～ 100

下面是 1 ～ 100，你能按顺序读出来吗？

1	2	3	4	5	6	7	8	9	10
11	12	13	14	15	16	17	18	19	20
21	22	23	24	25	26	27	28	29	30
31	32	33	34	35	36	37	38	39	40
41	42	43	44	45	46	47	48	49	50
51	52	53	54	55	56	57	58	59	60
61	62	63	64	65	66	67	68	69	70
71	72	73	74	75	76	77	78	79	80
81	82	83	84	85	86	87	88	89	90
91	92	93	94	95	96	97	98	99	100